开心实验

不可思议的身体

李继勇 著 书魔方 绘

远方出版社

图书在版编目（CIP）数据

开心实验. 不可思议的身体 / 李继勇著；书魔方绘
. -- 呼和浩特：远方出版社, 2021.7
ISBN 978-7-5555-1593-7

Ⅰ. ①开… Ⅱ. ①李… ②书… Ⅲ. ①科学实验—儿
童读物 Ⅳ. ①N33-49

中国版本图书馆CIP数据核字(2021)第069612号

开心实验・不可思议的身体
KAIXIN SHIYAN BUKESIYI DE SHENTI

作　　者	李继勇
绘　　图	书魔方
责任编辑	董美鲜
责任校对	心　妍
封面设计	宋双成
版式设计	陈美林
出版发行	远方出版社
社　　址	呼和浩特市乌兰察布东路666号　　邮编　010010
电　　话	（0471）2236473总编室　2236460发行部
经　　销	新华书店
印　　刷	北京市松源印刷有限公司
开　　本	165mm×235mm　1/16
字　　数	78千
印　　张	5
版　　次	2021年7月第1版
印　　次	2021年7月第1次印刷
印　　数	1—10000册
标准书号	ISBN 978-7-5555-1593-7
定　　价	16.80元

主人公

酷博士：博学，有智慧，风趣幽默，喜欢小动物。淘气猫经常给他添乱，可他一点儿也不生气，真有大家风范。

淘气猫：酷博士的宠物猫。它调皮好动，机智聪明，对新鲜事物充满强烈的好奇心和求知欲。

目录

给皮肤做个小实验

奇妙的实验开始了：

1.将2支铅笔削成同样的长度，并用胶带将其绑在一起；

2.用绑好的铅笔轻轻触碰其他人的前臂；

3.用铅笔轻轻触碰其他人的颈部；

4.用铅笔轻轻触碰其他人的手指。

酷博士：哈哈，小淘气猫，你答错喽！
淘气猫：怎么感觉除了手指，其他地方都是用一支铅笔触碰的呢？
酷博士：我们的皮肤上有很多触觉感受器。它们在各个部位的分布情况并不一样，但都能感受触觉的神经末梢。前臂和颈部的皮肤上只有很少的触觉感受器，当两支铅笔被绑在一起去碰触这些部位的皮肤时，由于这两点正好在同一个触觉感受器里，你就会认为只有一支铅笔在触碰。而手指上有很多触觉感受器，所以你能感受到两支铅笔的碰触。
淘气猫：我要再试试看。

忽短忽长的手臂

奇妙的实验开始了：

1. 身体站直，将手臂水平向前伸；

2. 将一只手臂来回屈伸，力度要大一些，另一只手臂保持不动；

3. 屈伸30次后，放下手臂，让家人测量一下两只手臂的长短。

淘气猫：糟了糟了，我的一只手臂变短了。
酷博士：别担心，小淘气猫！这只是暂时的。手臂上的肘关节是由肌肉和韧带连接在一起的，肘关节里会有一些空隙。当我们来回屈伸手臂，动作幅度很大时，肌肉和韧带会产生短暂的收缩，肘关节里的空隙就会变小，你的手臂就变短了。不过，肌肉和韧带很快就会恢复原样了。
淘气猫：好了好了，我的手臂一样长了。

唱不出歌的淘气猫

奇妙的实验开始了：

1. 使用举重器械做举重动作，同时尝试唱歌；
2. 使用单杠做引体向上，同时尝试唱歌；
3. 在体育场馆的地板上，做俯卧撑，同时尝试唱歌。

淘气猫：啊……我不能唱歌了！
酷博士：别害怕，并不是你不能唱歌了，而是气管被塞上了。这个塞上气管的家伙叫会厌软骨，位于我们的呼吸道中。平时，会厌软骨不会塞上气管，但是当我们举重、做引体向上或俯卧撑时，胸部和腹部的肌肉会被拉紧，我们自然就会屏住呼吸，使腹压加大。这时，会厌软骨就会塞上气管，使气流没法通过会厌软骨下方的声带发声，所以你唱不出歌来。
淘气猫：我现在能唱出来啦。

自己测心跳

奇妙的实验开始了：

1. 测量前30分钟不要做剧烈运动，左手掌朝上，将右手的食指、中指和无名指按压在桡动脉上；
2. 记录自己1分钟的脉搏数；
3. 将手放到冰水里；
4. 把手拿出来，再测一次脉搏数。

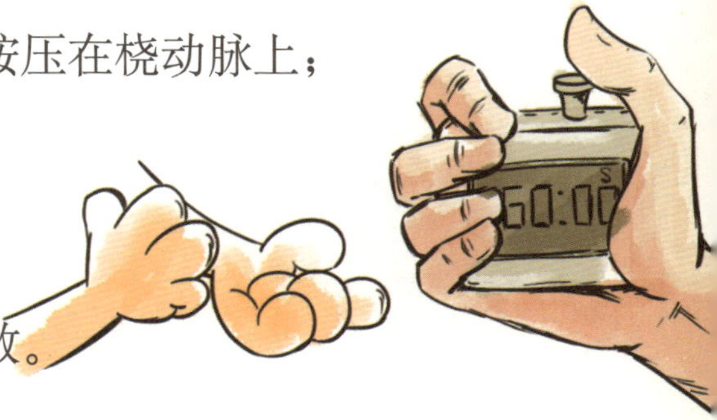

淘气猫：脉搏和心跳有什么关系呢？
酷博士：脉搏就是心跳呗。我们常说的心率就是心脏在1分钟内跳动的次数。
淘气猫：那为什么我的手一伸到冰水里心跳就加快了呢？
酷博士：低温会使血管收缩变窄，血液流动变慢了，体温也就下降了。我们的身体为了维持体温，就要提供更多的氧气来进行新陈代谢，这样心跳就加快了。不过，这只能持续1分钟，时间一长，心跳就不会那么快了。

自制“听诊器”

奇妙的实验开始了：

1.将橡皮管的两端分别套在2个漏斗的细管口上，套紧，不要漏气；

2.把一个漏斗的敞口贴到其他人的胸前，将另一个漏斗的敞口放到自己的耳朵上。

淘气猫：我听到你的心跳声了。
酷博士：这是漏斗的功劳。漏斗将心脏的跳动声集中起来，再通过橡皮管里的空气振动将声音以声波的形式传到另一个漏斗里，然后通过鼓膜传到你的内耳，最后传到大脑皮层的听觉中枢，你就听到我的心跳声了。

眼睛也有看不到的地方

1张硬纸

1支笔

奇妙的实验开始了：

1. 在硬纸中央画一个长和宽均为6毫米的“+”，在“+”旁边10厘米的地方画一个直径6毫米的“○”；
2. 将硬纸放到右眼正前方约15厘米的地方；
3. 用右眼注视硬纸上的“+”，闭上左眼，将纸慢慢拉向自己；
4. 当硬纸被拉到距离自己10厘米的地方时，再将纸向后移动。

淘气猫：呀，我怎么看不见圆圈了？
酷博士：这是因为我们的眼睛有盲点。盲点在眼球后部的视网膜上。当视神经进入眼球处的一个凹陷点时，这个凹陷点无视觉细胞，不能感受光的刺激，因此，物体的影像落在此点上就看不到了。

会变色的糖块

1块红色糖

1块蓝色糖

1块绿色糖

8张红色玻璃纸

奇妙的实验开始了：

1. 把3块糖放到桌上；
2. 将8张红色玻璃纸叠在一起做成过滤膜；
3. 将过滤膜放到糖块上，观察糖块。

淘气猫：快说，你究竟施了什么魔法？糖块竟然变色了！不对不对，难道我是色盲吗？
酷博士：你并不是色盲，只不过你的眼睛被骗了而已。在红色的过滤膜下，其他颜色都被过滤掉了：红色糖块变成了白色，蓝色糖块变成了黑色，绿色糖块也变成了黑色。因此，你就分不出蓝色和绿色了。
淘气猫：太好了，我不是色盲！

是冷还是热

3个盆

热水（水温低于40摄氏度，但比温水温度高）

冷水

温水

奇妙的实验开始了：

1. 将温水、冷水与热水分别放到3个盆里；
2. 让别人闭上眼睛，并将他的左手放到冷水里，右手放到热水里；
3. 等待3分钟，再把他的双手同时放进温水里。

酷博士：淘气猫，你现在感觉一下水是冷的还是热的呢？
淘气猫：好像冷，可又好像热，我怎么糊涂了？
酷博士：你的大脑已经被双手传来的信息弄糊涂了。当双手同时被放进温水里时，左手会将温水与冷水做比较，而右手则会将温水与热水做比较。因为两只手的参照物不同，所以它们的感觉也不同。

糟了，淘气猫站不起来了

奇妙的实验开始了：

1. 把椅子放到客厅中央，周围不要放其他杂物；
2. 坐在椅子上，紧贴椅背，大腿和小腿弯成直角，双脚平放到地面上；
3. 双手不要扶或抓其他东西，身体也不要动，试着站起来。

淘气猫：我站不起来了。
酷博士：哈哈，你还不知道吧？这里有小秘密哟！如果想在这种情况下站起来，就要将身体前倾或者将双脚后移，只有让身体的重心和力的方向一致，人才能站起来。如果身体的重心和力的方向不一致，力就会让身体向后倾，人就没法站起来了。

脊椎变长了

奇妙的实验开始了：

1.双腿站直，向下伸直手臂并尝试用指尖接触地面；

2.如果指尖很容易就能接触到地面，就不用做实验了，否则就继续做实验；

3.大口呼气，反复弯腰，继续尝试用指尖接触地面。

淘气猫：咦，我能碰到地面了，我长高了？
酷博士：哈哈，小淘气猫，你弄错了哟。告诉你吧，呼气运动能让我们的肌肉和韧带放松，使身体的柔韧度提高，反复做几次的话，你就能碰到地面了。
淘气猫：唉，我白高兴啦！

看看谁不听话

奇妙的实验开始了：

1. 合上双手，让其他人帮忙在中指以外的其他手指间分别放一枚硬币；
2. 两个中指向里弯曲，贴紧，然后分别打开拇指、小指、食指和无名指。

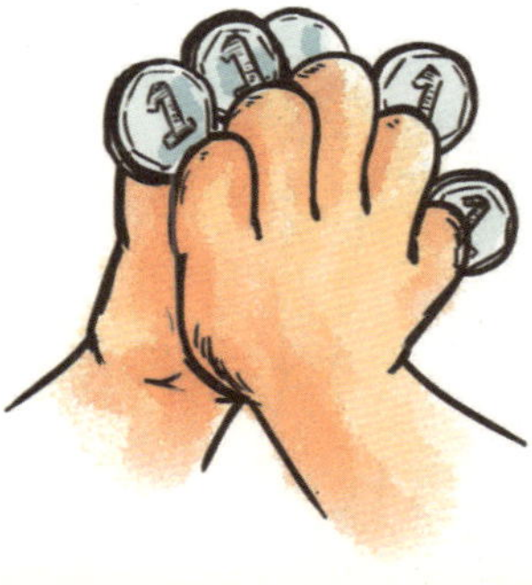

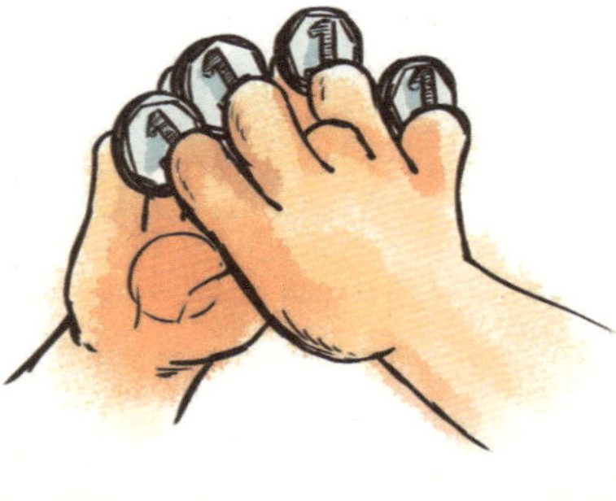

酷博士：怎么样？无名指就是不听话吧？
淘气猫：怪了，这是怎么回事？
酷博士：你还不知道吧？在我们的身体里，韧带和肌肉连接着骨骼，我们把它们称为连接组织。在我们的手指中，也有连接组织，而且力量非常强大。如果中指向下弯曲并被固定住的话，无名指就没法动了，也就放不开硬币了。

淘气猫的左脚抬不起来了

奇妙的实验开始了：

1. 找一处墙壁，让右腿紧靠墙壁站立；
2. 保持这个姿势，想办法抬起左脚。

淘气猫：啊，我的左脚动不了了！
酷博士：别害怕，小淘气猫，离开墙壁就好了。这是因为，当我们想要抬起左脚时，就需要把身体的重心向右移，可是身体的右边是墙壁，所以没法右移。如果我们非要抬起左脚，那么右边墙上的阻力就会反扑过来，使身体向左倾斜，我们就会摔倒。
淘气猫：哼，淘气猫才不要摔倒呢！

踮起脚尖很难吗

奇妙的实验开始了：

1. 找一处墙壁，面对墙壁站立；
2. 将脚尖和头紧贴墙壁；
3. 试着踮起脚尖。

淘气猫：酷博士又在骗淘气猫了，根本没法踮脚尖。
酷博士：淘气猫错怪人了，要怪就怪重心好啦。要想踮起脚尖，你就必须把身体的重心移到脚尖的正上方，可是你的身体紧贴着墙壁，就没法让重心前移了。

长洞的手掌

挂历纸

剪刀

奇妙的实验开始了：

1. 将挂历纸卷成纸筒放到右眼前，闭上左眼；
2. 将左手伸开放到左眼前方和纸筒前，左眼继续紧闭；
3. 睁开左眼，两只眼睛一起看向前方。

淘气猫：这是怎么回事？我的左手上怎么有个洞？哦，洞又不见了。
酷博士：平时，我们都是用两只眼睛看东西。如果我们用一只眼睛看东西，另一只眼睛就会自动随着睁开的那只眼睛看到的物体调整焦距。即使你的左眼是闭着的，它也会自动调整焦距。当你睁开左眼时，它的焦距正好适合看右眼看到的物体，也就是纸筒里的物体。可左手比纸筒更远，于是大脑就把纸筒和左手混到一起，看起来就像是手掌上出现了一个洞。

一，二，套笔帽

奇妙的实验开始了：

1. 一只手拿钢笔，另一只手拿笔帽；

2. 伸直双臂，闭上一只眼睛，试着把笔帽套到笔上。

淘气猫：明明对准了，怎么会套不上呢？
酷博士：这是我们只睁开一只眼睛的缘故。我们平时都是靠两只眼睛来判断物体的位置。就是说，我们的两只眼睛和物体之间会进行一次“三角测量”。如果仅用一只眼睛就没法进行这个测量，我们也就没法判断钢笔的准确位置，就不能套上笔帽了。

抬错手指

奇妙的实验开始了：

1.伸直手臂，两手交叉，手掌向内，手指交叉扣到一起；

2.将双手向里转一圈，根据指令抬手指。

酷博士：哈哈，淘气猫又抬错手指啦！
淘气猫：你又在捉弄我！
酷博士：没错。你知道这是为什么吗？这是因为我们被这一连串的动作给弄混了，分不清左右了。而且这时手指的排列方向和平时的方向是相反的，我们一时间很难反应过来，就容易弄错啦。

小鸟被关进笼子了

奇妙的实验开始了：

1. 将硬纸板剪成同样大小的两块正方形纸板；
2. 在两块纸板上分别画上小鸟和鸟笼；
3. 将纸板背靠背用胶棒贴到筷子一头（一面是小鸟，一面是鸟笼）；
4. 用双手夹住筷子，用手心使劲搓动筷子。

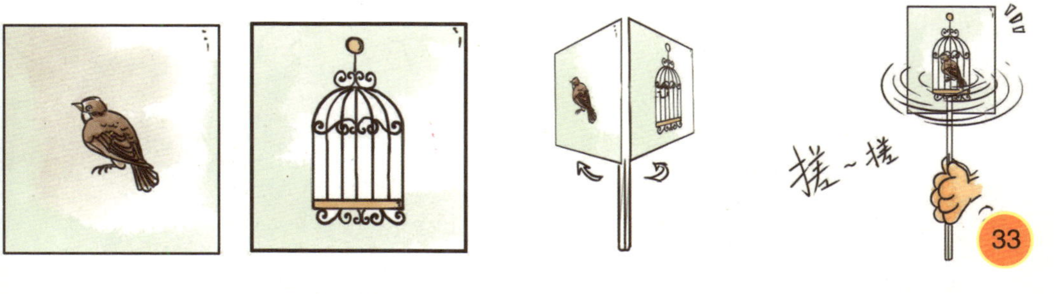

淘气猫：小鸟进笼子了！
酷博士：没错，这是因为我们的眼睛可以暂时保留看到的影像（这被称为视觉残像或视觉余像）。比如实验中筷子上的图片，一面是小鸟，一面是鸟笼。当我们快速转动筷子时，刚刚看到的小鸟的影像还停留在我们的眼睛里，此时鸟笼的影像也进到我们的眼睛里了。它们连在一起，就像小鸟被关进笼子里一样。电影的播放正是利用了这个原理。
淘气猫：太累了，我的手都麻了。

会变色的陀螺

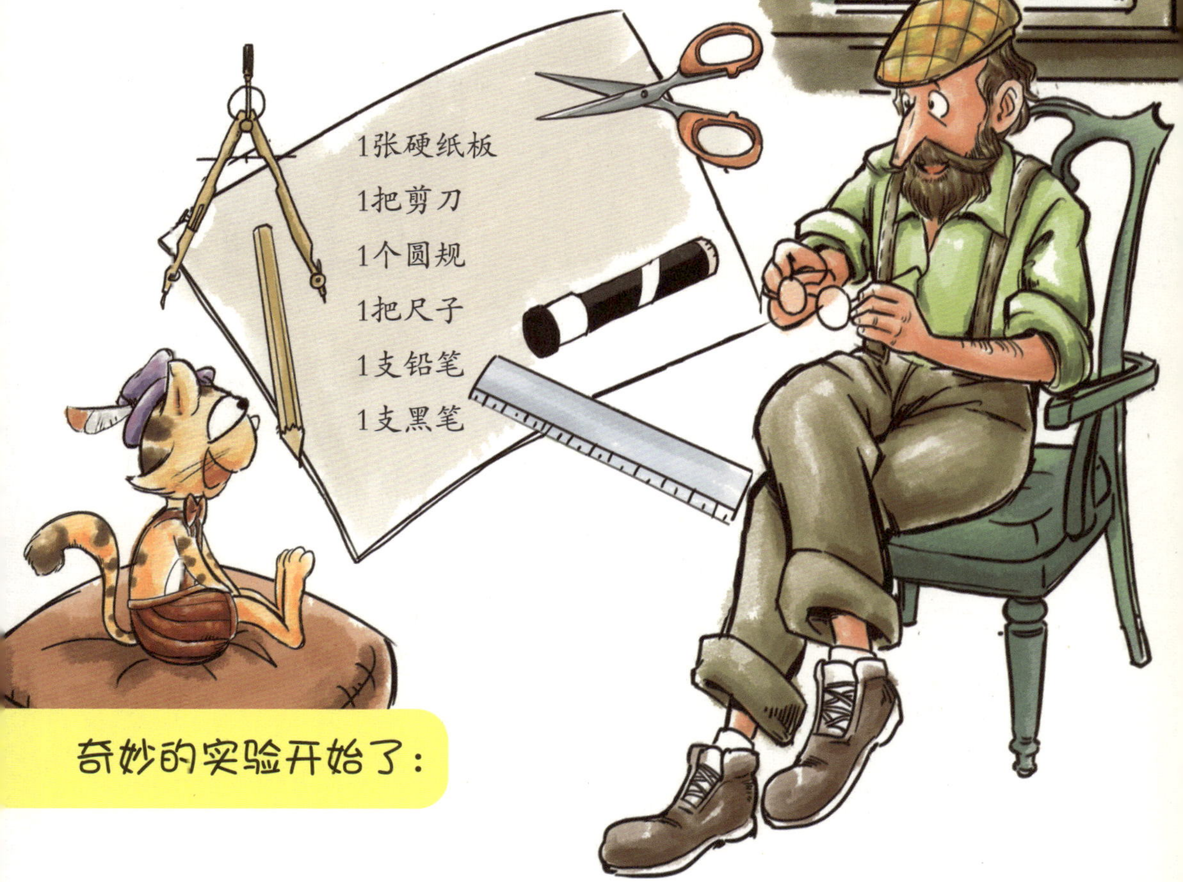

奇妙的实验开始了：

1.用圆规在硬纸板上画一个圆，把它分成均匀的4部分；

2.如图，用黑笔给圆的两个部分涂上黑色；

3.在圆心钻个小洞，将铅笔插进去；

4.用力转动铅笔，仔细看陀螺的颜色。

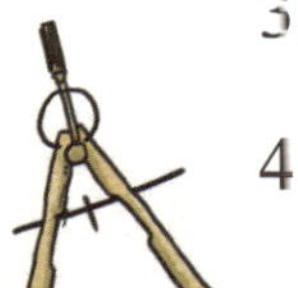

淘气猫：陀螺变成彩色的了，它的颜色越来越多了。
酷博士：其实白色光是由红色、蓝色和绿色等几种颜色的光混合而成的。我们的眼睛对这几种光的信号的反应速度是不同的，当陀螺迅速转动起来时，几种光叠在一起形成的就不是白色，而是先偏红后偏蓝的彩色。

神奇的火龙

1个打火机

1根香

奇妙的实验开始了：

1.晚上，请家长帮忙，将香点燃；

2.拿起香在空中随意挥舞。

淘气猫：看，我画了一条火龙。
酷博士：其实，这条火龙是由无数的光点组成的。当这些光点几乎同时进入我们的视线时，眼睛无法迅速分辨出每一个光点，所以看起来就像一条火龙。就像我们拍摄快速运动的物体时，如果照相机的快门速度不够快，拍出的影像就会是虚的，这是同样的道理。
淘气猫：原来是这样啊！

凭空出现的鱼

1支红色画笔
1支黑色画笔
2张白色硬纸板

奇妙的实验开始了：

1. 在一张硬纸板上用红色画笔画一个鱼缸，再在里面画一条黑色的鱼，除黑色的鱼外，将鱼缸其他部位涂成红色；
2. 在另一张硬纸板上用黑色画笔画一个鱼缸，再在里面画一个黑色圆点，鱼缸不用涂成黑色；
3. 在灯光下，盯着红色鱼缸里的鱼看一分钟，再去看另一个鱼缸里的圆点。

淘气猫：真是太神奇了，我看到了绿色的水和几条红色的鱼。
酷博士：这是因为你的眼睛太累了。如果你一直看左边的红色鱼缸，那么原本对光线敏感的眼睛虹膜就会变得疲劳，对红色也就不那么敏感了。这时，如果你再去看右边的鱼缸，眼睛就只能接受白光中的黄色和蓝色了，而黄色和蓝色混合起来就是绿色。此时，虹膜已经恢复过来，又能看到红色了，所以你会看到绿色的水和红色的鱼。

奇妙的实验开始了：

1. 用手挡住左眼，右眼盯着魔术师的魔杖看一会儿；

2. 继续盯着魔杖，将身体慢慢向前靠近画面。

淘气猫：小白兔竟然不见了。
酷博士：哈哈，告诉你吧，只有画上反射的光线被虹膜上的感光细胞接受，我们才能看见画。但是，感光细胞在虹膜的某个位置上是有空白的，在视觉神经通过眼球的地方，是没法感受到光的。这就是人们常说的盲点。当你慢慢接近画时，小白兔的图像恰好落在盲点上，你就看不见小白兔了。

画圈时能同时写字吗

奇妙的实验开始了：

1.坐在桌旁，拿出纸和笔，抬起一只脚，用脚快速画圆圈；

2.右手握笔，试着写字。

淘气猫：怎么我写的字都成了圆圈呢？
酷博士：我们在做任何运动时，都要集中精力才能完成。如果身体同时做两件事，就很难达到理想的效果。比如，人们常说的一手画圆一手画方，一般人是无法做到的，画出来的要么都是圆形或者都是方形，要么既不是方形也不是圆形。

轻松写反字

奇妙的实验开始了：

1.把白纸放到额头上，拿起笔，按正常的书写习惯在上面写字；

2.取下白纸，看看你写的字。

酷博士：哈哈，淘气猫写出了反字。
淘气猫：这么容易就写出来了，这是为什么呢？
酷博士：这是你仍然按照习惯去写字的缘故。当你坐在桌前写字时，是从左到右写字的。当白纸被放到额头上时，你还是按照从左到右的方向写字，写出来的字就会是反的。

为什么吹气冷哈气热呢

奇妙的实验开始了：

1.把右手背伸到嘴边，张开嘴向手背哈气；

2.把左手背伸到嘴边，用嘴向手背吹气。

淘气猫：怎么左手背感觉凉凉的？可这都是从嘴里呼出来的气呀！
酷博士：没错，嘴里呼出的气，温度其实是一样的。你之所以会感到一个热一个冷，是因为气流速度不一样。当你哈气时，呼出的气流动得比较慢，会慢慢地把手背上的冷气赶走，直到嘴里的热气靠近手背；而吹气时，呼出的气流动得比较快，在赶跑手背上的冷气时，自己的热度也跟着跑了。

折不断的火柴

奇妙的实验开始了：

1. 把火柴放到中指的第一个关节上，用食指和无名指向下压，中指向上抬起；
2. 换个姿势：用中指向下压，食指和无名指向上抬起。

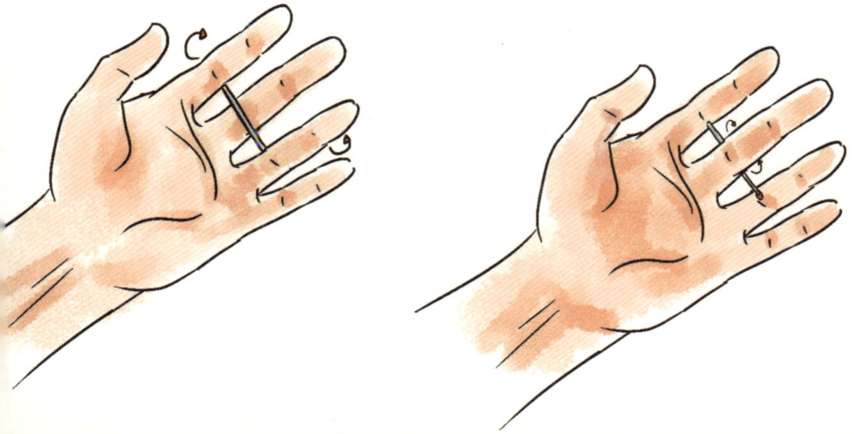

淘气猫：我就不信，我肯定能折断它。
酷博士：你做不到的！在这个实验里，火柴就相当于一个杠杆，不管你用哪种方法，近距离给火柴施加的压力都太小，因此，没法折断火柴。

跑歪了

奇妙的实验开始了：

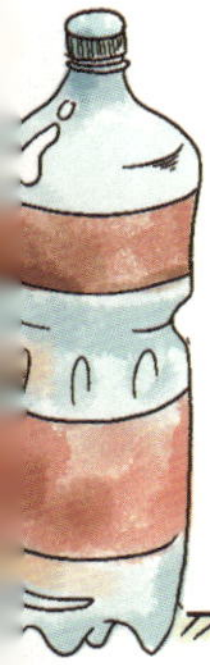

1. 将可乐瓶灌满水，放到空地上，用粉笔在它的正前方画一条直线；
2. 一只手扶着可乐瓶，绕着它转3圈，然后沿着直线跑。

淘气猫：我怎么会跑歪了呢？
酷博士：这是内耳平衡器官在捣鬼。当你转圈时，内耳中就有一种液体开始流动，使绒毛倒伏，倒伏的绒毛就会把信息传递给大脑，大脑就会指挥我们做出动作。当我们停下来时，身体还处在惯性的作用下，液体和绒毛都在运动，大脑接收的信息还是旋转运动的状态。因此，大脑给身体的信号也是旋转的，我们也就没法沿着直线跑了。

你吃了什么

1个苹果

1个洋葱

1个梨

1把水果刀

1个盘子

奇妙的实验开始了：

1.在家长的帮助下，分别切下一块苹果、洋葱和梨，放在盘子里；

2.闭上眼睛，用左手捏住鼻子，用右手拿盘子里的东西吃。

淘气猫： 为什么我感觉不出吃的是什么呢？

酷博士： 这是因为你的味觉被嗅觉影响了。在品尝食物时，嗅觉也会起很大作用。一旦鼻子被捏住，大脑就没法像以前一样感知味觉了。我们只能感知食物是软的还是硬的，至于更准确的味道嘛，就不知道了。松开鼻子，我们就又知道它们的味道了。

捡不起来的白纸

1张白纸

奇妙的实验开始了：

1.背靠墙壁站立，脚后跟紧贴墙壁；

2.让其他人在脚尖前30厘米左右的地方放一张白纸；

3.不能弯膝盖，脚也不能动，去捡白纸。

淘气猫：我又动不了了。
酷博士：这是因为你的重心在脚上。如果你想捡起白纸，就必须转移重心。可是，你既不能弯膝盖，也不能移动双脚，就没法转移重心。要是你非要捡白纸，可能会摔倒。
淘气猫：我才不要摔倒呢！

抓也抓不到的纸币

奇妙的实验开始了：

1.将纸币放在张开的手掌上方；

2.手掌向下，让其他人抓纸币。

淘气猫：咦，我明明看着它落下的，怎么会抓不住呢？
酷博士：因为大脑发出信号是需要时间的。当你的眼睛看到纸币落下时，就给大脑传递了一个信号，大脑再将这个信号传递给手，手才会伸出去抓纸币。在信号传递的过程中，纸币已经落下去了，所以手就会抓空。

女子大力士

奇妙的实验开始了：

1. 男生量出距离墙壁5个脚掌的长度，站好；女生量出距离墙壁4个脚掌的长度，站好；
2. 在他们面前各放一个凳子，凳子要紧贴墙壁；
3. 男生和女生都弯下腰，头顶墙壁，搬起凳子并举起来。

淘气猫：怎么女生搬起了凳子？难道女生是大力士吗？
酷博士：告诉你吧，女生之所以比男生更容易举起凳子，是因为男生离墙壁的距离比女生远。当男生弯腰时，重心离身体支撑点远，不好站直，使不上劲；而女生离墙壁近，弯腰时重心离身体支撑点近，更容易站直，所以女生更容易举起凳子。

淘气猫以一敌十

奇妙的实验开始了：

1.淘气猫面对墙壁站立，伸开双手用力抵住墙壁，手臂要伸直；

2.10个同学在淘气猫身后排成一队，每人都将双手搭在前一人的肩上；

3.10个同学一起向前推。

淘气猫：哈哈，我是大力士，10个人也推不倒我。
酷博士：可怜的淘气猫，你对抗的只是后面的一个人，可不是10个人哟。因为每个人都只会吸收后面那个人的力量，并不是后面所有人的力量。就是说，你受到的只是你后面那个人的推力。另外，你双手抵住墙壁，墙壁会给你一个反作用力，这个反作用力也在帮你对抗着后面的推力。不过，如果是个真正的大力士站在你后面，也许你就会被推倒了。

盐变甜了吗

奇妙的实验开始了：

1. 请家长帮忙，将西瓜切成两半，在其中的一半上撒少许食盐；
2. 尝尝没撒食盐的西瓜，再尝尝撒过食盐的西瓜。

淘气猫：坏了坏了，我的味觉一定出了问题，怎么加了盐的西瓜反而更甜了呢？
酷博士：你的味觉并没有出问题，只不过出现了错觉。我们的味蕾虽然能够感知味道，但是如果只让它接受一种味道，它就会对这种味道反应迟钝。比如，我们让味蕾一直接触甜味，味蕾就对甜味不敏感了。这时，我们让它感受咸味，味蕾就恢复了对甜味的敏感度。因此，我们会认为撒了食盐的西瓜更甜。

淘气猫被定住了

奇妙的实验开始了：

1.站直身体，将双手分别弯向肩膀，搭在肩上，胳膊肘抬起来；

2.让两个朋友分别托住你的两只胳膊肘，试着抬起你。

淘气猫：瞧，我学会了定身术。
酷博士：我教你的这招管用吧？其实呀，是你的重心帮了你。当你抬起胳膊把手放在肩上时，重心就会向上移动，而朋友的重心比你的低。如果他们想抬起你，就要把他们的重心提高，用上比你的体重还要大的力，可这是没法做到的，所以你才会定在那里。
淘气猫：不管怎样，他们就是抬不起我。

胳膊怎么不听话了

奇妙的实验开始了：

1.在距离墙壁一只胳膊远的地方站好，用一只手抵住墙壁；

2.等待30秒后，放下手臂。

淘气猫：怎么感觉我的胳膊还是抬起来更舒服呢？
酷博士：因为你的肌肉还没清醒过来呢。我们的神经系统会指挥肌肉收缩，让胳膊抬起来。当我们用手抵住墙壁时，胳膊就不动了。30秒后，虽然我们让胳膊放松下来，但是肌肉还保持着收缩状态，所以还是觉得把胳膊抬起来更舒服。

没法向前跳

奇妙的实验开始了：

1. 站在地板上，双脚并拢，身体站直向前跳，再向后跳；
2. 双脚并拢，膝盖弯曲一点，双手捏住两个脚尖，向后跳；
3. 用同样的姿势向前跳。

淘气猫：哎呀，摔得真疼！
酷博士：小淘气猫，不要难过，酷博士这就告诉你是怎么回事。当我们捏住脚尖，双脚并拢向后跳时，双脚先离开地面，重心使我们保持平衡，所以我们能够向后跳，而且不会摔倒。但是，当你用同样的姿势向前跳时，重心必须比身体先移动，你就会摔跤了。

这不是我的声音

奇妙的实验开始了：

用手机录下自己的声音，再放出来听一听。

淘气猫：这不像是我的声音啊！

酷博士：我们平时听到的自己的声音，是气传导和骨传导混合后的声音。气传导是声波通过空气传到耳朵里，再传到听觉中枢；而骨传导是声波通过颅骨、耳蜗，引起耳蜗振动。手机播放自己的声音，只是通过气传导，没有骨传导，所以听起来不像是自己的声音。

看指纹

奇妙的实验开始了：

1. 在手指上涂护手霜；
2. 把手指按在白纸上；
3. 将碘酒放在试管里，在家长的帮助下，将试管放在酒精灯上加热（要加热到碘酒变干为止），再将印有手印的白纸对着试管口。

淘气猫：我的指纹出现了。
酷博士：你知道这是为什么吗？告诉你吧，碘遇热会变成气体，气体遇冷又会变成固体。当我们在手指上涂护手霜时，油脂会留在指纹凸起的地方。碘会被油脂溶解，所以碘被指纹凸起处的油脂溶解、吸附之后，指纹就会显现出来。

神奇的舌头

1杯苦瓜汁　　1根筷子
4个杯子　　1把小勺
1袋食盐　　水
1瓶醋　　牙签
1袋糖

奇妙的实验开始了：

1.在4个杯子里各倒入半杯水；

2.在第一个杯子里倒入一些苦瓜汁，在第二个杯子里放入一勺盐，在第三个杯子里倒入一勺醋，在第四个杯子里放入一勺糖；

3.分别将4个杯子里的溶液搅拌均匀；

4.分别用牙签蘸一些苦瓜水、盐水、醋水和糖水，碰一下舌头的尖部、中部、两侧和舌根。

淘气猫：我知道啦，舌头两侧的后半部分对酸敏感，舌尖和舌头两侧的前半部分对咸敏感，舌根对苦敏感，舌的前部对甜敏感。
酷博士：没错，淘气猫说得很对。在我们的舌头上，长有千千万万的味蕾，可以感知味道。味蕾能感知酸、甜、苦、咸4种基本的味道，而且它们分布的位置不同，就像你说的一样。当某种味蕾感知到一种味道时，就会将其传导到大脑的味觉中枢，大脑就会告诉我们这是什么味道。